假如你是
一只动物

森林生存守则

［德］芭贝尔·奥弗特林　著
［德］亚历山德拉·赫尔姆　绘
过佳逸　译

GUANGXI NORMAL UNIVERSITY PRESS
广西师范大学出版社
·桂林·

SENLIN SHENGCUN SHOUZE

出版统筹：汤文辉		美术编辑：唐秋萍
质量总监：李茂军		刘冬敏
选题策划：郭晓晨		版权联络：郭晓晨
张立飞		张立飞
责任编辑：霍 芳		营销编辑：宋婷婷
助理编辑：屈荔婷		责任技编：郭 鹏

著作权合同登记号桂图登字：20-2021-315 号

图书在版编目（CIP）数据

森林生存守则 /（德）芭贝尔·奥弗特林著；（德）亚历山德拉·赫尔姆绘；
过佳逸译. —桂林：广西师范大学出版社，2022.6
（假如你是一只动物）
ISBN 978-7-5598-4611-2

Ⅰ. ①森… Ⅱ. ①芭… ②亚… ③过… Ⅲ. ①森林动物—少儿读物
Ⅳ. ①Q95-49

中国版本图书馆 CIP 数据核字（2022）第 012501 号

广西师范大学出版社出版发行
（广西桂林市五里店路 9 号　邮政编码：541004 ）
（网址：http://www.bbtpress.com ）
出版人：黄轩庄
全国新华书店经销
北京博海升彩色印刷有限公司印刷
（北京市通州区中关村科技园通州园金桥科技产业基地环宇路 6 号　邮政编码：100076）
开本：889 mm × 1 194 mm　1/16
印张：3.75　　　字数：60 千字
2022 年 6 月第 1 版　　2022 年 6 月第 1 次印刷
定价：30.00 元

如发现印装质量问题，影响阅读，请与出版社发行部门联系调换。

亲爱的小朋友，你一定在某些时候幻想过自己是一只小动物。也许你和家里的狗狗一起玩的时候，已经差不多知道了它的生活习性。但是你可能还会好奇，小松鼠、梅花鹿或者狐狸是怎样生活的呢？它们有自己的卧室吗？它们也必须上学吗？它们早餐吃什么呢？

这本书里记录了大约20种动物，它们都住在森林里。在每篇小短文里，你都可以想象你就是那只小动物，置身于森林中。在有趣的角色扮演中，你一定会发现一些让你惊喜的事情。

你还可以做一些有趣的东西，比如用枕头和毯子做一个圆形的巢穴，用纸和颜料做一张动物面具……我相信聪明的你一定可以想到更多有趣的东西。

那就开始我们的扮演之旅吧！作为小动物在森林里生活的经历肯定妙不可言！

目 录

一只梅花鹿

将自己喂得饱饱的对你来说是最重要的事！每天你都会寻找食物、进食以及反刍。这片森林经常有人类造访，你需要避开他们，所以你基本不在白天活动。黄昏来临，你离开栖息地，出发寻找食物。虽然森林里有许多植物，但你可不是随便什么树叶、杂草和花朵都吃的！没错，你一点儿都不喜欢香车叶草、铁筷子草，还有到处都是的荨麻草，你宁愿饿着肚子也不愿意碰它们！柳叶菜、覆盆子、黑莓和接骨木的叶子才是美味！

接下来是餐后休息时间：你用前蹄在地上刨出一个坑，趴在里面休息。你把脑袋抬高，一边打盹儿，一边反刍。今晚很安静，只有一只獾不停嗅闻着从你身边路过。休息了一个小时之后，你起身，再去吃一些你最爱的植物——你不断进食、休息和反刍，这样悠闲的过程一直持续到黎明。

天亮了，环境也不再安静，人类的车已经跑在路上，是时候回家了。你的栖息地在森林的高处，那里有茂盛的灌木丛，白天你就在那儿休息。那里隐蔽又远离人类，且方便你观察到所有情况。

原来你是这样的！

体长：93~140厘米。

体重：11~34千克。

寿命：长达20年。

特点：在夏天，你有一身鲜红色的短皮毛；在冬天，你会换一身灰色的厚实皮毛。

你的四季活动表

冬天
- 公梅花鹿头上的角会脱落。
- 日常生活：进食7个小时，反刍7个小时，休息4个小时，睡觉3个小时，还有3个小时用来穿过森林和田野。

春天
- 换毛：在春天，你就换上薄薄的夏季皮毛啦！
- 求偶期：公梅花鹿的头上会长角，它们会争夺母梅花鹿。
- 怀孕的母梅花鹿会找一个舒适的地方，等待小梅花鹿出生，这个地方要很安全，并且附近的食物充足。
- 母梅花鹿会生出一或两只小梅花鹿。

秋天
- 换毛：这个时候你该换上温暖厚实的冬季皮毛啦！
- 梅花鹿们聚集在一起，组成一个大家庭。

夏天
- 你的日常生活：进食6个小时，反刍6个小时，休息6个小时，睡觉4个小时，还有2个小时用来穿过森林和田野。
- 母梅花鹿在进食时会带上小梅花鹿，8月开始母梅花鹿不再哺乳小梅花鹿。

繁殖，还有小梅花鹿出生后几周的生活

生产时间： 30分钟~2小时。

刚出生的小梅花鹿的体重： 1.2~2千克。

小梅花鹿在出生后几周的时间里，一直待在高高的草丛中。因为它身上没有任何气味，狐狸或者其他天敌不会轻易发现它。但如果小梅花鹿处于危险之中，它没有逃跑的能力。如果小梅花鹿饿了，它会发出又尖又细的叫声来呼唤妈妈。它的妈妈在这段时间都是独自在附近寻找食物。

你的家庭和朋友们

在夏天，母梅花鹿会把小梅花鹿带在身边，公梅花鹿则独自生活。

在冬天，2~10只有亲缘关系的母梅花鹿和它们的孩子们会生活在一起，有时也会有几只公梅花鹿加入它们。

你是这样感知世界的

嗅觉： 你的鼻子比狗的还灵！你甚至能闻到离你300米远的人类气味！

视觉： 因为你的眼睛长在脑袋侧面，所以你几乎能看到在你身边的所有事物。但是你缺乏空间感，也就是说，你靠视觉很难判断某一事物离你是远还是近，而且你看到的景象很模糊。

听觉： 你的听觉非常灵敏。你对轻微的树枝断裂声尤其敏感，因为这种声音会让你瞬间联想到有天敌在附近——赶紧跑！

你是这样表达的

危险情况或感到恐惧时： 短促的"啵、啵、啵"，听起来像狗吠。

重大危机： 刺耳的"啊——咿——呀"。

又尖又细的叫声是母梅花鹿和小梅花鹿之间的专属信号，用来找到彼此。

你的超能力

你能够迅速地穿过茂密的植物！

假如你是 一只马鹿

如果你是一只公马鹿，那你要么独自生活，要么和其他几只公马鹿一起漫游森林。你可以一整天都做自己喜欢的事情：进食、反刍、休息，还有观察林子里发生的事情。

如果你是一只母马鹿，那么你就会一直生活在族群中，也就是说，你会和大家生活在一起。经验丰富的老马鹿会领导年轻的母马鹿并照顾小马鹿们。只有在求偶期，公马鹿和母马鹿才会碰面，不过要等到10月了。

求偶期到了，大家都很兴奋！公马鹿和母马鹿会在森林里一个特定的地方碰面，公马鹿已经长出了鹿角，想以此来吸引母马鹿的注意。黄昏来临的时候，大家就开始谈情说爱啦。

公马鹿之间的大战，现在开始！

第一回合：听听谁的咆哮声更大？

第二回合：看看谁的蹄子踩得更有力量？

第三回合：看看谁的鹿角更有力量？

第四回合：最终战斗！谁能用鹿角把对手狠狠地击倒，谁就是赢家！

大战规则：倒在地上的就是输家！一旦输了，就被淘汰，只能等待明年再次参赛。

鹿角

原来你是这样的！

体长：150~210厘米。

重量：约170千克。

寿命：长达20年。

特点：公马鹿的体形比母马鹿的体形大得多，而且只有公马鹿长有鹿角。

繁殖：母马鹿怀孕约34周，在5月或6月生产。小鹿的重量为5.5~7千克，出生后约几小时就能自己行走了。

1月 2月 3月 4月 5月 6月 7月 8月 9月 10月 11月 12月

假如你是 一只野猪

谁说猪就是脏兮兮的！你不同意！作为一只小野猪，你可是森林里最爱干净的动物！你最喜欢洗澡啦！你的浴缸是地上的一个坑，里面装满了褐色的泥浆。你洗澡的刷子则是旁边树干上粗糙的树皮，云杉、松树和橡树的树皮都是绝佳的洗澡刷子！

你特别喜欢在夏天洗澡，天气炎热，而你的泥浆浴缸里非常凉爽，待在里面可舒服啦！你快乐地泡在泥浆浴缸里，如果地方够大，你的家人们也进来和你一起享受凉爽。你在泥浆中滚来滚去，让它们贴在你的皮肤上。这就是人们常说的"泥塘里打滚儿"。当你觉得彻底凉爽以后，就会离开你的泥浆浴缸，等待身上的泥浆变干并结成一层硬壳。

等你身上的泥浆干了，就可以去刷掉它们了。你用洗澡刷子——树干上的树皮，蹭掉身上所有风干的泥浆，同时把被泥浆包裹住的虱子和蜱虫一起刷下来！

当然，作为一只小野猪，你也是需要上厕所的。你绝对不会像牛和马一样把便便拉在你常待的地方，也不会像狐狸一样用便便来标记自己的领地。你会在森林里找一个安全的地方来当厕所。

原来你是这样的！

体长：130~180厘米。

体重：100~200千克。

寿命：长达20年。

特点：你的身体很强壮，腿又粗又短，脑袋很大。公野猪长着大大的弯曲的獠牙，鼻子较短，但比母野猪的大；母野猪的鼻子比较细，比公野猪的长。

奔跑速度：时速最快能达到50千米。

警告，有危险！

　　母野猪为了保护孩子会变得非常凶猛！

　　它们的牙齿非常锋利，可以毫不费力地咬断人类的手指！

13

作为一只小野猪，你的生活是这样的

3月~5月： 你出生了，和你一起出生的还有你的兄弟姐妹们。你们这些小野猪一般为3~8只，每只体重700~1100克。

出生第1周： 你整天都在窝里睡觉，和妈妈还有兄弟姐妹们依偎在一起，饿了就吮吸妈妈的奶水。

出生第2、3周： 你开始离开窝，认识野猪族群中的小伙伴们。

出生第4周~第10周： 你和表兄弟姐妹们一起生活，有时候一位野猪阿姨会负责照顾族里所有的小野猪。即使你还是主要以奶水为食，但也能偶尔尝试一下固体食物了。

出生第10周~第14周： 哺乳期结束——你现在能和成年野猪吃一样的食物啦！

出生第3个月~第4个月： 恭喜你，你身上的皮毛从可爱的条纹"睡衣"变成深色的"礼服"啦！

你的住址

你最喜欢住在沼泽地和河岸森林里。湖泊附近芦苇丛生的地方，还有城市附近的公园也是你会选择的居住地点。

原因嘛，当然是因为这些地方环境潮湿且有充足的食物，还能很好地隐藏你的踪迹喽！

你的食物

橡子和其他树木的种子、浆果、松露和其他菌类、土豆、玉米、豆类，还有老鼠、昆虫幼虫、青蛙以及鱼，都是美味。

你那长长的鼻子是完美的餐具，无论多么干燥坚硬的土地，你都能用鼻子把它挖开，寻觅下面的美食。

你是这样感知世界的

嗅觉：你有着绝佳的嗅觉！即使是埋藏在地下深处的美味也逃不过你的鼻子！你还能通过嗅觉来辨自己的伙伴，因为每只野猪的气味都不一样。

听觉：任何声响都逃不过你的耳朵。

味觉：你的味蕾数量是人类的1.5倍。你是一位美食家！

视觉：你的视力不是很好……如果有人安静地站在你面前，光靠视力你根本注意不到他。

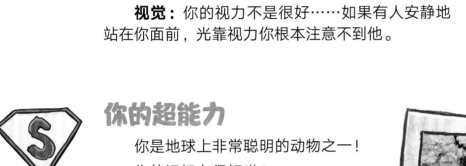

你的超能力

你是地球上非常聪明的动物之一！

你的记忆力很好哟！

你的学习能力也很强！

你每天能睡近13个小时！

野猪的每只脚有4趾，具硬蹄，行走的时候仅中间2趾着地。

假如你是 一只小狼

　　作为一只小狼，你生活在一个小家庭里。家里有爸爸妈妈，还有你的兄弟姐妹。你和家人们依偎在一起，互相蹭脖子，尽情嬉戏玩耍，还能一起捕猎。每只狼都有自己的特长：这一只擅长追踪猎物；那一只跑得快，能迅速追上猎物并把它掀翻。

　　你会用粪便，还有嗥叫来标记领地。叫声有时候听起来会有点儿吓人，因为有些狼天生一副破锣嗓子……

　　其实在很久以前，到处都能看到你们的身影。但是后来人类对你们赶尽杀绝，导致你们在人类的居住地几乎绝迹了。

你是这样表达的

你的面部表情和肢体语言能表现出来你是兴奋、放松、警惕还是害怕。

咆哮声："我正在威胁你！"

短促的呜呜声："我正在警告你！"

汪汪叫："我现在很害怕。"

通过嗥叫给另一个狼群的信号："你们离我们远点儿！"给伙伴的信号："我们一起去捕猎吧！"给失散伙伴的信号："我们在这里！"

你的生活必需品

充足的食物：你总能找到老幼病残的野猪、鹿、兔子等。

运气：捕猎并不总是顺利的，你必须非常有耐心！有时你只能饿着肚子入睡。

水源：你在居住地附近能找到溪流或者其他水源。

原来你是这样的！

体长：约150厘米，还有一根约50厘米长的大尾巴。

体重：约50千克。

寿命：长达17年。

特点：你有一身棕灰色的皮毛。你的腿、腹部，还有耳朵内侧长着白色的毛。

活动：你通常在白天休息，黄昏和夜晚是你的捕猎时间。

最快速度：你能在短时间内达到时速60千米。

假如你是 一只狐狸

你睡醒啦！天已经黑了，你从灌木丛下舒适的窝中爬起来，伸了个懒腰。

咕噜咕噜——什么声音呀？原来是你的肚子在叫，你饿啦！你谨慎小心地从茂密的灌木丛中迈出第一步，停！仔细听听附近的声音，嗅嗅附近的气味——很好，没有人类，没有狗，也没有其他危险生物。再走几步，停！再竖起你灵敏的耳朵，听听四面八方的声音。一切正常，你的夜晚漫游之旅开启啦！

夜晚漫游之旅

晚上9:45：人类那边总有一些好吃的！你沿着森林小路走到森林边缘，向人类的居住地前进。

晚上10:20：第一站——学校操场。好幸运！你找到了吃剩下的三明治和苹果！

晚上10:35：你绕过操场，进入一个花园。肥料堆没什么好吃的，但是你找到了一碗刺猬饲料。

半夜0:05：你现在有点儿渴……这儿有一壶水！

半夜0:25：你穿过人类的地盘，在房屋拐角处碰到了一只小有名气的狐狸。你和它打了个招呼，继续独自行动。

凌晨1:15：第二站——养鸡场。可惜所有的鸡都被关在鸡棚里，你抓不到它们，非常失望。你有点儿累啦，决定稍微休息一会儿。

凌晨3:45：你不想碰见那只黑猫，绕了一小圈。

凌晨4:38：最后一站——野生樱桃树。你吃了好多落在地上的樱桃！

凌晨4:55：返回你在灌木丛下面的窝。果然哪里都没有自己的窝舒服！你吃饱喝足，接下来要美美地睡上一觉喽！

今日漫游小结：吃得饱饱的！你走了足足9.5千米，用尿液标记了234个地方，用粪便标记了3个地方。

原来你是这样的！

体长：约90厘米，还有一根近50厘米长的大尾巴。

体重：约10千克。

寿命：长达7年。

特点：你有一身红褐色的皮毛，还有长长的尾巴。你尾巴上的毛可浓密啦！

速度：时速6~13千米。

繁殖：怀孕50多天之后，母狐狸会生下3~5只小狐狸，小狐狸刚出生时重约100克，看起来光秃秃的，特别弱小，没有力气动弹，眼睛也睁不开。

你的住址

你住在地下洞穴里。洞穴可以在任何地方：高山、茂盛森林、草地、田野、村庄、郊区，甚至城市里……

你的家庭

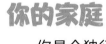

你是个独行侠。只有在一月和二月，狐狸夫妇才碰面，然后一起抚养小狐狸们。这个小家庭在夏天就会解散，年幼的狐狸最晚在秋天就会离开父母的窝，而那时它的父母已经恢复单身生活了。

一天的生活

白天你都是懒洋洋的，喜欢在安全的窝里休息。

夜晚才是你的主场！你在城市、森林或者田野里到处游荡，重点是寻找吃的！当然啦，你也会好奇在你的窝附近发生了什么新鲜事。

你的食物

你不怎么挑食！

你的最爱：老鼠、樱桃和浆果。

将就一下也能吃：昆虫、蚯蚓、动物尸体和垃圾。

最爱的饮料：土坑里新鲜的雨水。

洗澡

不了，谢谢！

上厕所

你没有一个固定的厕所——你会用粪便标记领地的边界。

你的超能力

你的鼻子：一个人在某个地方逗留，即使离开了90分钟，你来到这个地方仍然能闻到这个人的气味！

你的耳朵：冬天，一只老鼠在30厘米深的雪层下活动，你也能听见它的动静并捕捉它！

你嘴上的胡须：感知特别灵敏，甚至能觉察老鼠跑过草地产生的震动！

21

假如你是 一只獾

你住在一个巨大的宫殿里，这个宫殿有很重的泥土味道。

因为你的宫殿是在地下，是你用坚硬有力的前爪挖出来的！每年你都会对这个宫殿进行扩建。你并不是独自住在这里，而是和其他家庭成员一起生活。

昏暗的隧道与无数个卧室相连，风轻柔地吹过，为整个宫殿带来清新的空气。你喜欢柔软的触感，所以客厅、卧室，还有儿童房里都铺满了树叶和苔藓。厕所是不在宫殿里的，想上厕所你得去宫殿外面。你沿着一条上升的隧道来到一个隐蔽的出口，这个出口连通外界。然后你再走几米，就到厕所啦！无论是尿尿还是拉便便，你都可以在这个厕所解决。

既然你已经来到外面了，那就干脆在森林里闲逛一下吧！

你的食物

昆虫的幼虫、老鼠、青蛙、蜗牛（当然你需要把蜗牛软软的身体从壳里弄出来）、蚯蚓、蘑菇，还有各种植物的根茎，这些都很好吃！

你是这样感知世界的

视觉：你的视力不太好，勉强能看到运动的事物。

嗅觉：你的鼻子可比眼睛好使多啦，只是比不上狗鼻子。

听觉：你的听力也很棒。你甚至能听出来声源离你有多远！

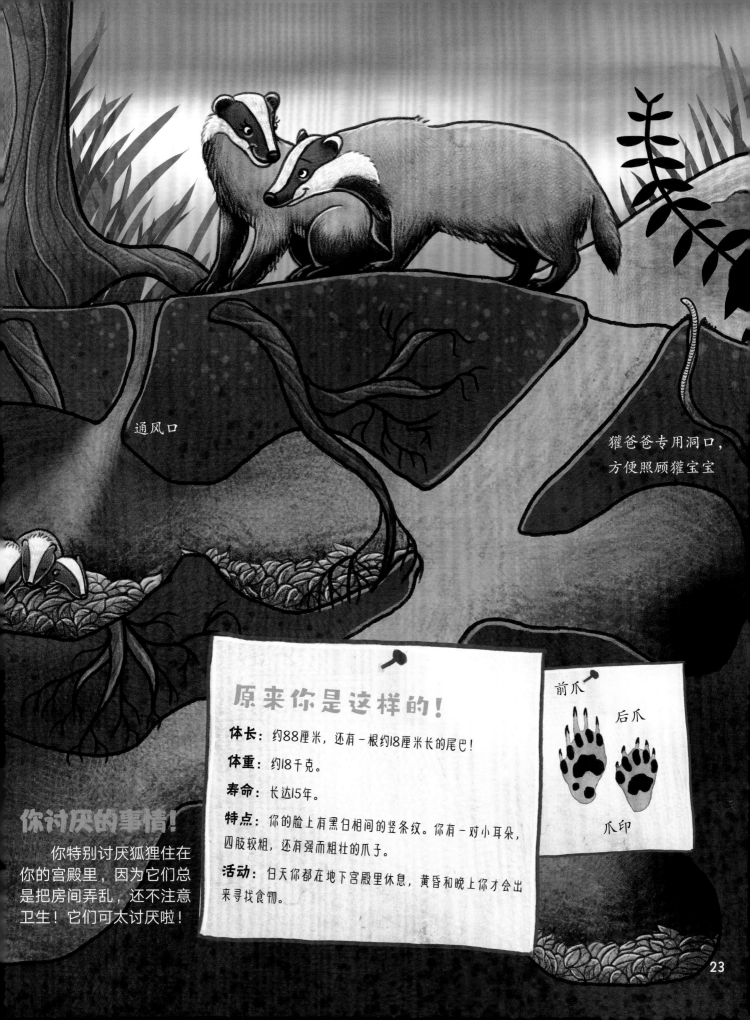

通风口

獾爸爸专用洞口，方便照顾獾宝宝

原来你是这样的！

体长：约88厘米，还有一根约18厘米长的尾巴！

体重：约18千克。

寿命：长达15年。

特点：你的脸上有黑白相间的竖条纹。你有一对小耳朵，四肢较粗，还有强而粗壮的爪子。

活动：白天你都在地下宫殿里休息，黄昏和晚上你才会出来寻找食物。

前爪

后爪

爪印

你讨厌的事情！

你特别讨厌狐狸住在你的宫殿里，因为它们总是把房间弄乱，还不注意卫生！它们可太讨厌啦！

假如你是 一只松鼠

　　你四处为家，比如森林、河岸或者人类的公园——这些地方有许多树和灌木丛，你可以吃到喜欢的坚果，如橡子和山毛榉种子。

　　作为一只小松鼠，你一点儿都不怕高：即使是在最高的树顶，你也能在纤细的树枝之间爬来爬去，玩得不亦乐乎。接下来，你要跳到另一棵树上去！你用你那绝佳的视力瞄准跳跃目标，而蓬松的大尾巴能帮你保持平衡，这样你就能准确无误地着陆啦！每天外出饱餐一顿之后，你会回到你的窝里，晒晒太阳，看看云朵。

　　你的窝是你最喜欢的地方，你在里面蜷缩着休息，听雨水落在叶子上，听啄木鸟用喙敲打树皮。暴风雨来临时，你会随着树枝摇摆的节奏一起晃动身体。

原来你是这样的！

体长： 20~25厘米，还有一根约20厘米长的大尾巴。

体重： 200~400克。

寿命： 5年左右。

特点： 你有一身红色或深褐色的皮毛，蓬松浓密的大尾巴，长长的脚趾，锋利的爪子。秋天时你会换毛为冬天做准备，而冬天时你耳朵边的一簇簇毛就像一顶帽子，可以保护你不被严寒侵害。

繁殖： 母松鼠怀孕一个半月后生下4~6只松鼠宝宝。

小松鼠们要学习这些

· 爬上一棵树，再掉头爬下来。

· 借助尾巴，在纤细的树枝上保持平衡。

· 了解哪些东西能吃：坚果和蘑菇非常不错，瓢虫和蛞蝓也还可以。

· 课程难点来了：熟练掌握打开坚果壳的方法。

· 用嘴运送树枝或者坚果。

· 用树枝搭建一个窝。

· 在树间迅速奔跑和跳跃。

· 学会判断其他生物的危险性。

· 练习"喳喳喳"的喊声，你在感觉到危险或警告同伴时就可以这样呼喊。

· 紧急情况下从树梢上勇敢地跳到地面上！记得使用你的尾巴当降落伞！

你的住址

你用树枝搭建自己的窝，或者寻找合适的树洞作为自己的窝，窝里填满树叶和苔藓，有1~2个隐蔽的出口。

你通常是独自生活。松鼠妈妈要照顾松鼠宝宝，它们会一起生活在柔软的圆形巢穴里面。

你的日常活动

上午：寻找食物。

中午：在窝里睡个午觉。

下午：再次出去寻找食物。

日落之前：回到窝里睡觉，一直睡到第二天早晨。

你的四季活动

春天：现在是求偶期，求偶结束后母松鼠会搭建一个圆形的巢穴。

晚春和夏天：松鼠宝宝出生啦！松鼠妈妈们都是单亲妈妈，独自教授松鼠宝宝们所有重要的本领。

秋天：为过冬做准备，收集橡子、山毛榉和其他树木的果实，把它们埋藏在不同地方。

冬天：休息时间到啦！你每天只去一次你埋藏食物的地方，吃点儿东西补充营养。

你的食物

最重要的食物：优质的树木种子和果实，比如松果、橡子、角树种子、山毛榉和七叶树的种子、栗子等。

早春：你喜欢吃云杉和冷杉树枝上的嫩芽，还有昆虫、蜗牛和鸟蛋。

秋天：这时候你可以吃到蘑菇！

你的拿手本领：开坚果壳

1.闻闻坚果，确定坚果坏没坏。

2.用牙齿在壳上咬一个小孔。

3.把下门牙卡在小孔上，撬开坚果壳。

原来你是这样的！

体长： 8~11厘米，还有一条能长到12厘米的长尾巴。

体重： 18~25克。

特点： 你有一双大眼睛，一对大耳朵，一条长长的尾巴。

食物： 橡子和其他树木的种子、谷物、浆果、蘑菇，有时还会吃昆虫幼虫、蜘蛛、蚯蚓、蜗牛。

居住地： 森林和森林边缘地区、田野、公园。

生活方式： 林姬鼠独居，只有在冬天才会几只一起生活。

日常： 白天休息，黄昏和夜晚活动，不冬眠。

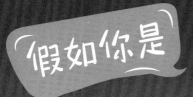

假如你是 一只林姬鼠

对你来说森林可真是大得没边儿啦：蕨类植物那么高，灌木丛那么庞大——蘑菇的菌盖就像雨伞一样，下雨了你可以跑到下面躲雨。

地上到处是裂缝和洞口，你可以利用它们挖掘你的地下洞穴。你的卧室连着许多长长的走廊，你的洞穴有很多入口。卧室非常柔软舒适，因为里面铺着树叶和苔藓。你白天在卧室里休息，但是支棱着机敏的耳朵：附近可能会出现伶鼬或者蝰蛇！你必须警惕点儿！

作为一只小老鼠，你的生活真是充满了危险！所以有时你喜欢住在树洞或者鸟窝里。爬树对你来说并不算难题。

只有夜幕降临，你才会离开小窝。这时许多可怕的猎食者已经入睡了，不过猫头鹰和貂还醒着。刚才你差点儿就被猫头鹰抓住了……好险哪！还好你福大命大！

你敏捷地跑来跑去、蹦蹦跳跳，苔藓、树枝，还有倒在地上的树干都拦不住你！你会经常站起来，用你那双大眼睛警惕地观察四周的环境。没有危险？好，那就继续活动！

你的家庭

在三月和九月之间，母林姬鼠会生下2~3窝小老鼠，每一窝有4~6只小老鼠，刚出生的小老鼠体重为1.3~1.8克。只有母林姬鼠会照顾它的宝宝。小林姬鼠出生后12~14天时就能睁开眼睛了，哺乳期会持续到它们出生后第22天。它们的妈妈再陪伴它们一段时间后，小林姬鼠们就独自生活了。

你的天敌

天哪，你的天敌可真不少……猫头鹰、鸢、鹰以及其他猛禽、刺猬、白鼬、伶鼬、貂、臭鼬、蝰蛇，还有猫。

你的超能力

你有着像袋鼠一样厉害的弹跳力，能跳80厘米高。

你是游泳健将。

爬树对你来说轻轻松松。

你的视力绝佳，在夜间也能轻松看清东西。

你会储藏食物，为了应对之后可能缺乏食物的日子。

原来你是这样的！

体长：37~39厘米。

翼展：94~104厘米。

体重：330~590克。

寿命：长达22年。

特点：你身材矮壮，脑袋圆圆的，脸上也有毛。雄灰林鸮和雌灰林鸮长得很像，只不过雌灰林鸮的体形更大一些，体重也更重。

叫声：雄灰林鸮的叫声是"呼——呼"，雌灰林鸮的叫声是"库喂——"。

假如你是 一只灰林鸮

　　白天你懒洋洋的。你站在橡树粗壮的树枝上休息，时不时睁开眼睛瞅瞅四周的情况。有时候你会被鸟儿的叫声吵醒：有只鸟儿发现你离它的小窝太近了，它一边叫，一边在你身边飞来飞去。这只小鸟的叫声让其他小鸟都警觉起来，它们一起叽叽喳喳地叫起来。这真是太烦啦！

　　好吧……你是一只聪明又大度的动物，不和它们一般见识。你决定去别的地方休息。

　　天黑下来的时候，就该你登上森林舞台了。你悄无声息地沿着森林小路飞行，听！那里有轻微的沙沙声。你立刻掉头飞向声音的源头。真可惜，老鼠以闪电般的速度缩回了地洞里。

　　但好运也会光顾你，在黎明之前你一共抓住了4只老鼠，填饱了肚子。这样天亮以后你又可以懒洋洋地休息啦。

你的家庭

　　繁殖期结束后灰林鸮夫妻会在夏天和秋天暂时分开，到了十一月重聚。新年伊始，它们必须找到一个合适的窝，便于生蛋和孵蛋。窝通常是树洞，或者其他鸟类的巢穴。

　　在雌灰林鸮孵蛋的一个月里，都是它的丈夫来照顾它。小灰林鸮破壳以后，夫妻一起养育它们。一窝蛋能孵化出2~4只小灰林鸮，它们出生5周后能在窝的周围小范围活动。灰林鸮父母会继续照顾它们约2个月，并在此期间教会它们飞行。

你的超能力

· 你的脑袋能左右各旋转180°。

· 你那完美的定向听力归功于脸上的羽毛，它们就像喇叭筒一样，能广泛地捕捉声波，并传导给你的耳孔。

· 你拥有快到以毫秒计算的反应能力。

· 你身上特殊的羽毛能让你悄无声息地飞行。

假如你是 一只松鸦

你藏在茂密的树叶后面，警惕地向外张望，周围发生的一切都躲不过你的眼睛。你每天都用那双视力绝佳的眼睛观察森林里发生的事：一只鹿跑过去了，一只啄木鸟大叫着落在旁边那棵树上，一只蛱蝶在花丛中翩翩起舞——看那里！有一个人，他还牵着一条狗！有危险！安全起见，你飞往森林的更深处。对于特别危险的敌人，你会使用特殊的警告叫声，这样其他松鸦会立刻知道谁在接近。

因为你时刻关注着森林里的情况，所以你被人类赋予了"森林警察"或者"森林守护者"的美称。

原来你是这样的!

体长： 32~35厘米。

翼展： 52~58厘米。

体重： 140~190克。

寿命： 长达16年。

特点： 你背上长着灰黑色的羽毛。宽阔的翅膀是漂亮的蓝黑色。你有长且宽的尾巴，尾巴根部有显眼的亮色斑点。你还有强壮有力的黑色的喙。

繁殖： 雌松鸦一次产3~6枚蛋。16天后小松鸦破壳，会在窝里继续生活20天。

特别之处： 你非常聪明！

敌袭警告

有苍鹰："嘎哧，嘎哧，吉克，吉克。"

有鸳："嘎哧，嘎哧，嘿呀，嘿呀。"

有灰林鸮："嘎哧，嘎哧，呼——呼，呼——呼。"

危险的乌鸦强盗要来破坏巢穴："嘎哧，嘎哧，克啦，克啦。"

33

荣誉称号：森林园丁

你在种植夏栎、无梗花栎、红色山毛榉和榛树方面表现杰出，特此表彰。

收集和储藏

什么时候：秋天。

什么东西：橡子、栗子和其他树木的种子。

什么方式：你吞下橡子（你的喉囊里最多能容纳10个，喙里还能再来一个），边飞边寻找合适的储藏地点。找到后你在地上刨出一个洞，在里面塞一些橡子，用土埋好，再去寻找下一个埋橡子的地方。

多少橡子：你大约能储藏3000个橡子，总重量约15千克。

多远距离：总行程可达9千米。

在冬天，你以秋天藏起来的树木种子为食。你拥有绝佳的记忆力和方向感，即使地上覆盖着厚厚一层雪，你也可以找到它们。可能是因为你之前藏的树木种子实在太多，你会忘记部分储备粮，也可能是你的食物足够，用不上它们——就这样，没被你吃掉的种子就会在第二年春天发芽生长。

你的住址

你通常住在落叶林和针叶林里，但是大型公园和墓园你也能住得很开心。

你的小伙伴们

在繁殖期结束以后，你会和附近的其他松鸦组成一个小团体。你们会一起活动。

你的食物

春天和夏天： 甲虫及其幼虫、毛毛虫、蝗虫、鸟蛋。
秋天和冬天： 橡子、山毛榉的种子等。

假如你是

一只大斑啄木鸟

作为一只大斑啄木鸟，你有一个得天独厚的工具，用它可以解决生活中遇到的大部分问题。那就是强壮有力的喙！有了它，你所向无敌！

1.寻找食物：你用喙敲击树皮，感受树皮下的每个小空间，里面住着甲虫和其他昆虫的幼虫。一旦发现猎物，你长长的舌头就迅速出击——你的舌头上有倒刺，可以像钩子一样把幼虫钩出来。

2.吸引雌啄木鸟，警示其他雄啄木鸟，标记巢穴领地：你用喙在空心的树干或树枝上快速敲击，敲击声甚至能传到800米以外的地方，比其他鸟类的叫声传得还要远。

3.制造树洞：像凿子一样将喙插入树干，稍微腐烂一些的树干操作起来更容易。要做一个漂亮的树洞，你得努力工作两周呢！为了在干活的时候，木头碎屑不飞进你的眼睛里，你会闭上眼睛凿树干。即使闭着眼睛，你也能出色地完成这项工作！

原来你是这样的！

体长：22~23厘米。

翼展：34~39厘米。

体重：70~90克。

寿命：长达13年。

特点：你长着黑白相间的羽毛，有着结实的尾羽，尾下的羽毛呈鲜红色。你还有又直又强壮有力的喙。

繁殖：雌啄木鸟一次能产下4~7枚蛋。11~13天后小啄木鸟破壳，它们会在窝（树洞）里继续生活大约21天。

全能建筑大师

你为你自己和家人们做好一个树洞，小啄木鸟在里面快乐成长。等它们变成大啄木鸟以后，就会离开这个家。之后这个树洞会被其他小动物们占据，比如白脸山雀、鸤鹩或者蝙蝠。

你是这样表达的

繁殖期间：类似敲鼓的声音，大概从三月到五月。

兴奋或者警告："克克克"或"克嘶——克嘶——克嘶"。

你的住址

有树的地方，都可以用来建造你的窝——比如森林、墓园、林荫大道或者公园。

头痛？并不会喔！

用喙敲击树干，你既不会觉得头痛，也不会得脑震荡。这是为什么呢？有以下两个原因：

· 你的喙和颅骨之间的关节能减轻震动。

· 你的大脑周围是结缔组织，它们就像一层厚厚的凝胶，保护着你的大脑组织。

当你高兴的时候

你会用喙大声地"打鼓"！

你到处"打鼓"，尤其是在那些声音效果好的地方。

在森林里：树木的高处。

在人类的地盘：金属旗杆、金属电线杆、金属建筑外墙。

你的食物

日常食物：树皮下面的昆虫及其幼虫。

在冬天：坚果、云杉种子和松果。

在早春：其他鸟类的鸟蛋和幼鸟。

在人类附近：饲料团子。

你的好本领

这个裂口里有一枚松果，它牢牢地卡在那里——你可以用你的喙来对付它！你轻松地将细小的松子从松果中衔出，它们确实很小，但是美味极了！

假如你是 一只鹪鹩

你快乐地生活在长满了黑莓和常春藤的森林里。你蹦蹦跳跳地在灌木丛中穿梭，在狭窄的缝隙中捉迷藏。你喜欢用尖尖的喙啄取树枝裂缝或者地缝中的甲虫、木虱和蜘蛛。你的小窝是球形的，窝里铺满了苔藓，藏在靠近地面的茂盛灌木丛中。

在春天，雄鹪鹩会搭建好多个窝，当它获得一只雌鹪鹩的青睐后，雌鹪鹩会在它搭建的众多窝中挑选最喜欢的一个——这个窝会被扩建，成为小鹪鹩出生及成长的家。

尽管你平时在森林里很低调，但你一旦展开歌喉，就会成为大家的焦点。真不可思议！你这样一只体重只相当于5块小熊软糖的小鸟，嗓门儿竟然这么大！当你在灌木丛里或者站在高处唱歌时，你的歌声异常嘹亮，甚至500米以外的动物都能听到！

原来你是这样的！

体长：9~10厘米。

翼展：14~15厘米。

体重：8~13克。

寿命：能达到7年。

特点：你长着棕色的羽毛，又长又细的喙，还有短短的尾巴。

繁殖：雌鹪鹩一次能产下5~7枚蛋。大约2周后小鹪鹩破壳，它们在窝里继续生活15~18天才会离开。

40

欧洲纪录

恭喜你，成为戴菊鸟和普通火冠戴菊鸟之后，欧洲第三小的鸟儿！

你是这样表达的

你的警告声听起来是这样的："特克，特克特克特克"，还有"呲啦，呲啦啦啦啦"。

在冬天

在寒冷的冬夜，你喜欢缩在树洞里。树洞里还有许多其他鹪鹩，你们紧紧依偎在一起，互相取暖，熬过寒冷刺骨的冬夜。

假如你是 一条蝰蛇

你特别喜欢潮湿炎热的天气，气温最好超过30摄氏度。清晨，你做了个日光浴，然后就出发狩猎啦。你在灌木丛下面发现了一个绝佳的潜伏地点。你安静地趴在那里，耐心地等待，因为你知道，会有冒失的老鼠闯进这里。如果今天没有，那就明天，如果明天没有，那就后天……你有的是耐心，总能等到猎物。

今天你运气很好：一只田鼠匆匆忙忙地跑过来，停住脚步，用后腿站立，嗅闻四周的气味。它没发现你，而你在它出现的一瞬间，就用你那灵敏的芯子感受到了它的气息。你悄无声息地向它靠近，头部猛地前伸，以闪电般的速度咬住它。你的毒牙刺进它的身体，毒牙里的毒液进入它的身体。很快，田鼠就停止挣扎了，它死了——你将这只猎物吞进肚里。

原来你是这样的！

体长：60~85厘米。

体重：约300克。

寿命：长达12年。

特点：你的背上长着连续的之字形深色花纹，头部有一个V形或者X形标志。你的瞳孔是竖形的。

繁殖：雌蝰蛇在8月或9月产下4~15条小蝰蛇，它们刚出生的时候就像铅笔一样又细又小（雌蝰蛇在体内将卵孵化）。

你的超能力

- 你可以感知地面和空气传来的微小的震动。
- 你擅长使用毒液。
- 你在寒冷的气候下能够4~8个月不吃不喝。
- 你的芯子能够感知到最轻微的气味。

你的住址

　　你最喜欢生活在白天温暖、夜晚凉爽的潮湿地区，比如沼泽地、泥地、高山草甸，以及森林边缘和林中空地、草地、池塘、湖泊和溪岸边。

　　你躲藏在灌木丛下面，树根下面，石头堆里面，或者是被遗弃的老鼠巢穴中。

你的神奇之处！

　　雌蝰蛇产下的不是卵，而是小蝰蛇。小蝰蛇在离开妈妈身体时带有一层透明的胚胎膜。很快它们就会脱下这层膜，之后就可以进行第一次捕猎啦——猎物是小青蛙！

　　注意！即使是刚出生不久的小蝰蛇，它们的毒液也像成年蝰蛇一样危险！

注意，危险！

　　蝰蛇有毒。当它们感到危险时，会窜到石头或者灌木丛下面。当它们无处可躲时，会发出带有警告含义的嘶嘶声，向前猛冲，咬向入侵者。蝰蛇的毒很少致人死亡。不过，如果人真的被咬了，还是需要尽快看医生，打解毒剂解除毒性。

为了防止被蝰蛇咬伤，你在它们出没的区域应该：

- 不要赤脚走路。
- 小心谨慎，尤其是在采摘蘑菇或者浆果的时候。
- 不要触碰蛇。

假如你是 一只火蝾螈

　　森林里下雨了，所有动物都躲起来啦。真的是所有动物吗？不不不，蜗牛就很开心，而你也特别喜欢下雨天！你是两栖动物，皮肤需要保持湿润；雨天不会让你的皮肤变干，所以雨天是你最喜欢的天气！你的窝藏在石头下面或者干朽的木头里，下雨时你会离开小窝，悠闲地在森林里漫步。你的猎物们——蛞蝓、木虱、蚯蚓，也很喜欢潮湿的环境——正慢悠悠地在森林里闲逛呢。

　　作为一只火蝾螈，如果你幸运地挺过了在小溪中历险的幼年时期，成长为一只成年火蝾螈，接下来你就可以享受生活啦。最老的一只火蝾螈可是活了50岁呢！你的天敌有冒冒失失的鸟、老鼠、蛇等，你面对它们的最佳武器就是你皮肤上的毒素。为了让它们不打你的主意，你的肤色是黄黑相间的。有这种肤色的动物除了你，还有黄蜂，你们用事实证明，有黄黑相间肤色的动物可不好惹——每个在你们身上吃过苦头的动物，从此以后都会离你们远远的。

原来你是这样的！

体长： 最长可达23厘米。

体重： 约40克。

寿命： 可达20年，甚至更长。

特点： 你有黄黑相间的肤色，长长的尾巴，短短的腿。

繁殖： 雌火蝾螈怀孕约6个月，然后将大约30只火蝾螈幼崽生产在清澈的溪流中。幼崽刚出生的时候体长约3厘米，在水中生活3~6个月后变为成年火蝾螈。

你是这样感知世界的

· 你长有额外的气味感知器官，嗅觉特别灵敏。

· 你的视力特别好，即使在黄昏时刻和黑暗中也能清晰视物。

· 你特别恋家，总是回到同一个地方过冬、生产后代。

注意，危险！

火蝾螈有毒。毒素由它们耳后的大腺体和背部的小腺体分泌。

火蝾螈毒素的功能：抵御敌人，防止真菌和细菌在皮肤上生长。

原来你是这样的！

体长：3~8厘米，幼虫能长到12厘米。

体重：成年甲虫约5克，幼虫约12克。

寿命：约8周（成年甲虫）。

特点：甲壳是黑色或红棕色。雄锹甲的头上长着大大的"角"；雌锹甲的体形较小，头上没有"角"。

繁殖：雌锹甲一生能产下100枚卵，幼虫生活在腐烂的橡木里。

假如你是 一只锹甲

六月的一个晚上，你和其他锹甲一起从埋藏在泥土中的蛹壳里爬出来，一路挖地道来到地面上，这是你第一次见到外面的世界。你兴奋地扇动翅膀、发出嗡嗡的声响，嗅闻空气中的气息——橡木的树干开裂了，从裂缝中流出了甜美的树汁。你舔舐着甜蜜的树汁，为接下来至关重要的旅行补充能量——你要飞上橡木那高高的树冠。在树冠某一根树枝上，你会遇见另一只雄锹甲，为了争夺雌锹甲，你们之间会爆发一场争斗。

你用头上的"角"抵住对方的上颚并用力，试图把对方顶下树枝。战斗十分激烈，有时候是你占据上风，有时候是对方更胜一筹——最终，你坚持到了最后。恭喜你赢得了胜利！

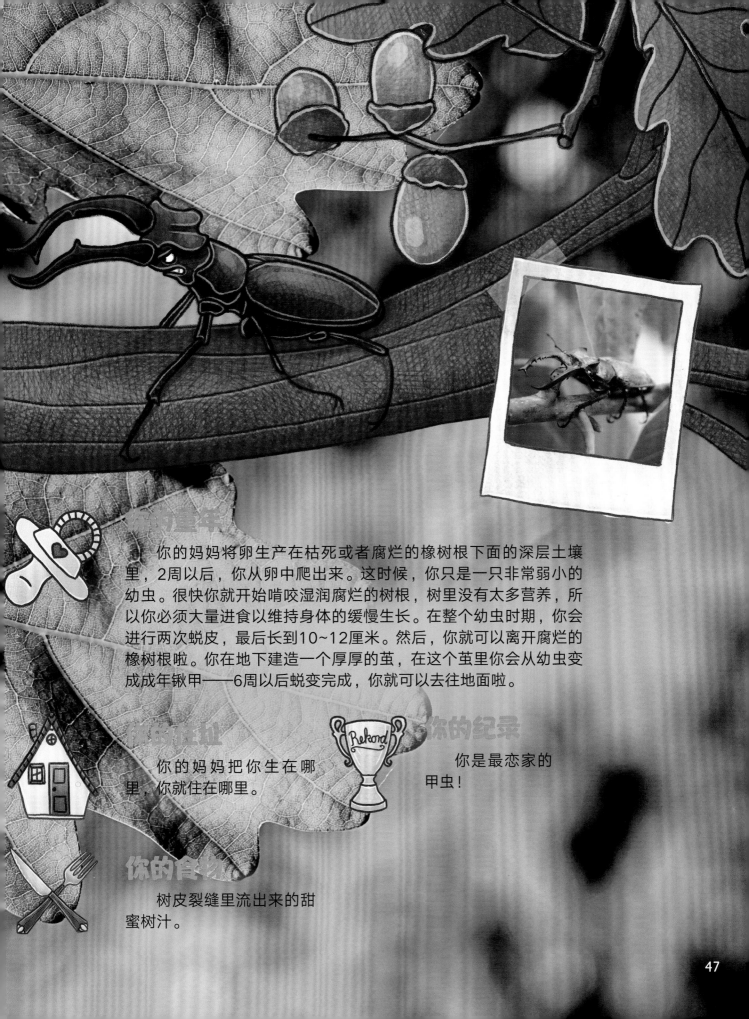

你的童年

你的妈妈将卵生产在枯死或者腐烂的橡树根下面的深层土壤里，2周以后，你从卵中爬出来。这时候，你只是一只非常弱小的幼虫。很快你就开始啃咬湿润腐烂的树根，树里没有太多营养，所以你必须大量进食以维持身体的缓慢生长。在整个幼虫时期，你会进行两次蜕皮，最后长到10~12厘米。然后，你就可以离开腐烂的橡树根啦。你在地下建造一个厚厚的茧，在这个茧里你会从幼虫变成成年锹甲——6周以后蜕变完成，你就可以去往地面啦。

你的住址

你的妈妈把你生在哪里，你就住在哪里。

你的纪录

你是最恋家的甲虫！

你的食物

树皮裂缝里流出来的甜蜜树汁。

假如你是 一只红蚁

今天的蚂蚁大街仍然繁华忙碌。红蚁一只接一只从窝里出来，到森林里去。你在大街上遇到了其他红蚁，它们通常都背着毛毛虫、甲虫、千足虫或者其他猎物。有充足的食物非常重要，蚂蚁王国里可是有许多成员嗷嗷待哺呢。

你今天的目标是开花后开始衰败的紫罗兰。你在蚂蚁大街上拐弯，来到地面上。不远处，紫罗兰的茎弯曲下来，花瓣垂落，种子已经成熟了。紫罗兰种子的美味之处不在于种子本身，因为种子的外面有一层硬硬的壳，很难打开。但是每个种子都自带一个油质的附着物，这就是"蚂蚁面包"，它非常美味！你把种子打包，准备回到蚂蚁大街上。可是它对于你来说实在太沉啦，好吃的只有"蚂蚁面包"而已！你把紫罗兰的种子直接扔在地上，把"蚂蚁面包"咬下来带走。这样就轻松多啦！这也是紫罗兰的生存小智慧：它的种子被你转移到了另外一个地方，它们可以在那里生根发芽。

夏日特典：婚礼的飞行之旅

什么时候：六月的某一天。

做什么事：所有有翅膀的年轻蚁后和有翅膀的公蚁飞离巢穴，进行交尾。

仪式结束后公蚁会很快死去，年轻的蚁后们翅膀脱落，寻找只属于自己的小蚁巢。蚁后孵化出第一批小蚂蚁，并抚养它们长大，小蚂蚁会成为第一批工蚁，和蚁后形成一个蚁群大家庭。

纪录！举重世界冠军！

第一条：你能用口器轻松举起相当于自己体重10倍的重物。

第二条：你能垂直举起相当于自己体重12.5倍的重物。

第三条：你能拖动相当于自己体重18.5~40倍的重物。

最重要的感官：嗅觉

蚂蚁大街是用气味标记的，每一只蚂蚁公民都有自己的气味，只有公民才被允许进入巢穴。

原来你是这样的！

体长：最长可达11毫米。

体重：0.01克。

寿命：长达20年（这是蚁后的寿命，工蚁只能活3年）。

特点：体形很大的黑色或红棕色蚂蚁。蚁后的体形是最大的，工蚁体形较小（5~7毫米）。繁殖蚁长有翅膀。

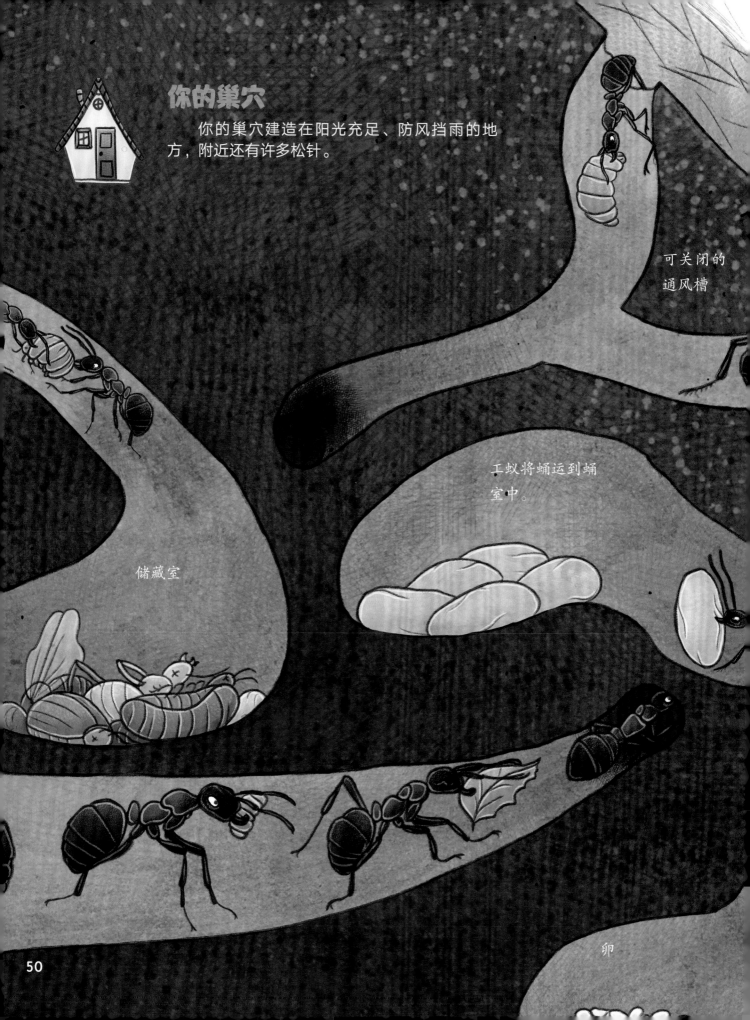

你的巢穴

你的巢穴建造在阳光充足、防风挡雨的地方，附近还有许多松针。

可关闭的通风槽

工蚁将蛹运到蛹室中。

储藏室

卵

你的家族

你的家族非常庞大。

所有工蚁都是你的姐妹，蚁后是你们的母亲。蚁后会产下不同的卵——受精卵和非受精的卵（仅在夏季）。由受精卵孵化出来的蚂蚁都是雌蚁，而雌蚁中被喂特殊食物的会发育成蚁后。没有这种特殊食物的雌蚁就成长为普通的工蚁和兵蚁。未受精的卵孵化出来的都是公蚁。

你的御敌本领

准备！你将腿之间的后腹部向前弯曲，然后发射毒液（蚁酸）！

没有浴室！

没有厕所！

没有厨房！

兵蚁守卫蚁巢的入口。

工蚁将刚孵化的幼虫运到幼虫室中。

蚁后的寝室

幼虫室

假如你是 一只绿豹蛱蝶

黑莓的花蜜真是香甜可口——但最好吃的还是蓟花的花蜜，你吃多少都吃不够呢！很快你就吸食了足够的糖，它们将为你提供接下来至关重要的旅行所需的能量。你作为一只蝴蝶，生命有点儿短暂，所以最重要的事就是留下后代，这样明年才会有绿豹蛱蝶在森林里翩翩起舞。

作为一只雌蝴蝶，你在和雄蝴蝶完成交配之后，需要寻找特定的植物。因为你的孩子们非常挑剔：只喜欢吃紫罗兰的叶子。你要将黄灰色的卵产在树皮的裂缝中，而这棵树底下必须有紫罗兰。几周后，小毛毛虫就孵化出来啦，它们藏在树皮上的深缝里，等到明年春天才会爬到地上刚刚发芽的紫罗兰上，开始大吃特吃。

你的搜寻产房之旅

你绕着树干（你最喜欢榉树）盘旋飞舞，寻找合适的产卵位置。你时不时降落在树干上，将一枚卵产在树皮的裂缝中，卵之间的间隔为50~100厘米。当你飞到大概4米高的时候，就会寻找下一棵树产卵。

你是这样感知世界的

你的触角可以感知最微小的气味，甚至可以感知温度。

你的眼睛由许多单眼组成，最多可达6000个，所以你拥有几乎全方位的视野。你的动态视力极佳，色彩分辨力很强。你虽然看不到红色，但是能看到紫外线。

原来你是这样的！

体长：大约3厘米，毛毛虫形态能长到4厘米。

展开翅膀长：5.5~6.5厘米。

寿命：4个月。

飞行时间：六月中旬到九月中旬。

特点：你的翅膀是深橙色的，翅面上有深棕色斑点。雄蝶翅膀为橙黄色，雌蝶翅膀为暗灰色或灰橙色。

毛毛虫：深褐色，背面有两条黄色的条纹，还长有许多黄褐色的刺。

你用复眼
观察这个世界。

假如你是 一只屎壳郎

你最喜欢沿着森林小径悠闲飞行。

你飞的时候总是发出嗡嗡声，动作也有点儿笨拙，飞行高度大概只到人类的膝盖。你就这样度过从晚春到早秋的时间，你灵敏的嗅觉总是能给你指引方向：不远处有一坨便便！你决定着陆。你对这坨便便附近的情况不太了解，所以你决定小心谨慎地步行接近它。

你走到这坨便便附近，开始享用早餐。刚刚的飞行已经使你筋疲力尽，你得赶紧为接下来的行动补充能量。幸运的是，你的伴侣也在这坨便便附近着陆了。这样一来，你们俩就可以一起行动。雌屎壳郎负责挖地洞，并在地道中建造短的侧过道。你负责清走挖出来的土，将便便弄成一个个小球，并把小粪球带到地道入口。雌屎壳郎把这些小粪球分别塞入每一条侧过道里。然后，它在所有的小粪球上都产下了卵。这些工作完成之后，你们就可以功成身退啦。

很快，你们的幼虫在地下孵化，它们在粪球中成长，每天吃便便，逐渐长大。

54

你的住址

你喜欢住在山毛榉林里。

你是这样发声的

1.后腿上的尖刺与后腹部的尖刺摩擦发出声音。

2.后腹部的尖刺与上翼的尖刺摩擦发出声音。

原来你是这样的！

体长：约2厘米。

寿命：3年。

特点：你的身体有金属的光泽，足部非常强大，利于挖掘，头部有发达的刺突。

繁殖：雌屎壳郎在五月和六月产卵，幼虫孵化一年后进入蛹期，夏天发育为成年屎壳郎。

假如你是 一只树皮甲虫

你通过嗅觉获得所有信息！生病的云杉会散发出一种特殊的气味，即使浓度再低你也能感知这种气味。今天，这种特殊的气味吸引了你以及许多其他树皮甲虫。你们在这棵生病的树上着陆。你用有力的口器钻透树皮，其他树皮甲虫也在做着同样的事情。当然，这棵云杉并不是毫无还手之力，它会在你们钻洞的地方分泌一种有毒的黏性树脂，这种树脂会把一部分树皮甲虫黏住。

雄树皮甲虫和雌树皮甲虫交配后，雌树皮甲虫会在树上啃出通道，在这条育儿通道里它会产下大约80枚卵。几天后，幼虫从卵中孵化出来，它们从通道出发，一路啃咬树木，直到树皮。然后它们留在通道末端，度过蛹期，发育为成年树皮甲虫。

你的策略

如果你发现了一棵生病的或者倒在地上的树，并且成功钻进了树皮，你就会散发出一种奇妙的气味，以吸引其他树皮甲虫来一起钻树皮。

如果有太多的树皮甲虫一起来啃食树木，树皮下的食物和空间不够用的时候，你会散发另一种气味，这样就不会有更多树皮甲虫来抢夺有限的食物。

警告，危险！

尽管你体形非常小，你也是森林中最危险的害虫。大规模繁殖期间，你们能将好几棵树置于死地，尤其是当它们因为暴风雨或环境污染而生病或虚弱的时候。

原来你是这样的！

体长：不到厘米。

寿命：可达6个月。

特点：你的体形很小，身体是棕色的，长着淡黄色的体毛。

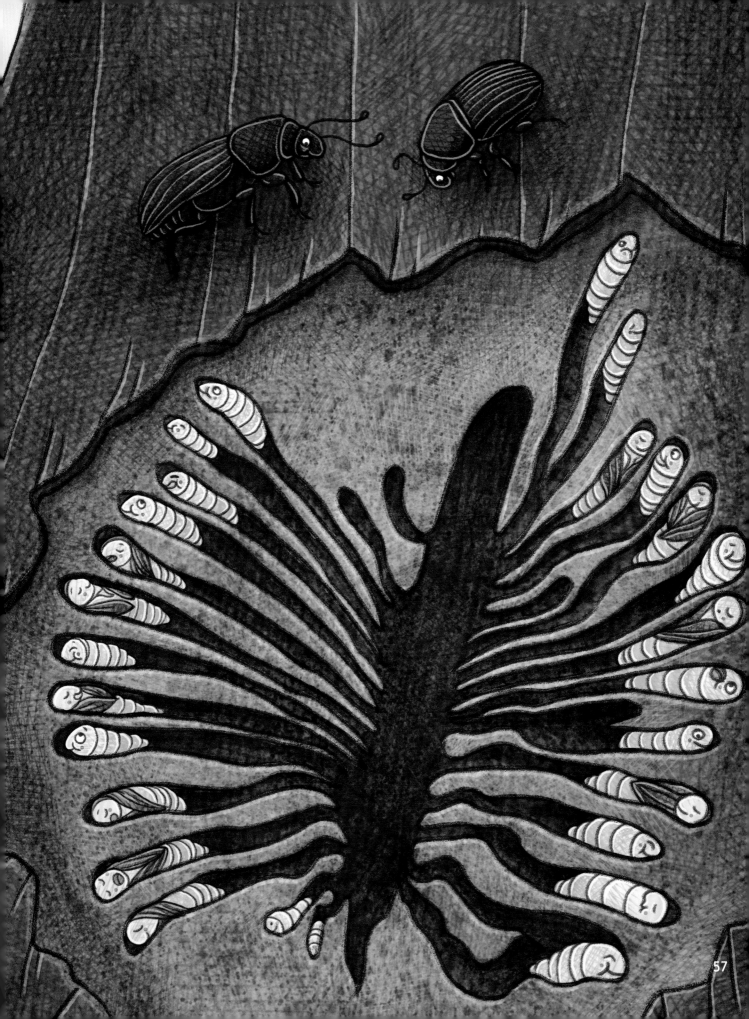

假如你是 一只冬季森林里的小动物

冬天来了，森林恢复了寂静。白天的时间缩短，夜晚的温度在零摄氏度以下。虽然地上铺了一层厚厚的雪，但是冬天的森林仍然是一个很棒的栖息地——至少比田野和草地强多了，那里的风很大，而且缺少避身之处。森林里的食物并不匮乏——橡子、山毛榉种子还有很多。云杉和松树的种子已经成熟，它们富含营养，是老鼠、松鼠、啄木鸟和其他鸟类的冬季粮食。

饥饿把我从梦中叫醒啦！幸运的是我知道哪里能找到美味的云杉种子。饱餐一顿以后，我回到温暖的小窝里，继续我的美梦。

前面是什么呀？闻起来真的好香啊，我要过去看看！不过，在深雪中前行可比夏天在坚实的地面上走动困难多啦。

亲爱的小鸟，尽情享受美味吧！

发现啦！这里还藏着我的橡子呢！1、2、3、4、5、6、7全——都在这里，一个也没丢！

58

59